Pritesh Thoriya
Manhar Kagthara
Amit Dudhatra

Automatização do sistema de transporte e do mecanismo de vazamento

Pritesh Thoriya
Manhar Kagthara
Amit Dudhatra

Automatização do sistema de transporte e do mecanismo de vazamento

ScienciaScripts

Imprint

Cover image: www.ingimage.com

This book is a translation from the original published under ISBN 978-3-659-82185-1.

Publisher:
Sciencia Scripts
is a trademark of
Dodo Books Indian Ocean Ltd. and OmniScriptum S.R.L publishing group

120 High Road, East Finchley, London, N2 9ED, United Kingdom
Str. Armeneasca 28/1, office 1, Chisinau MD-2012, Republic of Moldova, Europe
Printed at: see last page
ISBN: 978-620-8-33680-6

PREFÁCIO

Atualmente, 70% das peças mecânicas são produzidas através do processo de fundição. A fundição em areia verde, utilizada para aplicações de fundição de metais ferrosos e não ferrosos, é cada vez mais utilizada nas fundições actuais como um processo de fundição economicamente viável. No entanto, o processo é prejudicado por uma estrutura granulométrica de grandes dimensões e por um longo tempo de solidificação. A microestrutura mais grosseira tem um efeito negativo nas propriedades mecânicas dos componentes fundidos e o longo tempo de processamento afecta a produtividade global do processo. Assim, durante este processo de fundição em areia verde, surgem vários defeitos, tais como furos, penetração de metal, caudas de rato, deslocação do molde, etc. A maior parte dos processos de fundição estão a ser feitos manualmente. Por isso, é um processo moroso e prejudicial para os trabalhadores.

Para este projeto, em primeiro lugar, o processo de fusão atual e também várias operações foram observadas e estudadas, bem como o estudo detalhado de diferentes defeitos em peças de fundição realizadas de acordo com o objetivo.

O ambiente na fábrica de fundição é muito sujo e perigoso para os trabalhadores. Especialmente, do ponto de vista da higiene e do risco de manuseamento do metal fundido, a automatização da fábrica de fundição é inevitável. Para melhorar a qualidade do produto e a produtividade da fábrica, é necessário estabilizar o processo de vazamento.

ÍNDICE DE CONTEÚDOS

INTRODUÇÃO

Capítulo 1

- Visitámos muitas indústrias como a indústria automóvel, azulejos vitrificados, fundição e fabrico de utensílios. A partir daí, estamos interessados em fazer o nosso projeto sobre fundição.

- Rajkot é o centro das indústrias de fundição. Na zona industrial da cidade de Rajkot existem cerca de 200 indústrias de fundição. Tais como,

1. Radhe Casting,
2. Hi-con Cast Pvt. Ltd.
3. Gujarat Cast Alloy Pvt. Ltd.
4. Hightech Cast Pvt. Ltd.
5. Tapovan Technocast Pvt. Ltd.

- Nas suas indústrias, começam por fazer o molde de acordo com os requisitos da conceção do produto. A maior parte deles utiliza a fundição em areia e a fundição por cera perdida. Utilizam a fundição por cera perdida quando é necessária uma elevada precisão. Em Furness, derretem o metal. Em seguida, os trabalhadores colocam o metal fundido numa concha. Os trabalhadores levam esta concha para o molde e deitam-no no molde.
- Este processo é lento e demora mais tempo.
- É também um processo muito difícil.
- Porque...
- O metal em fusão está a uma temperatura muito elevada,
- O ambiente na fábrica de fundição é muito sujo e perigoso para os trabalhadores.

Especialmente, do ponto de vista da higiene e do risco de manuseamento do metal fundido, a automatização da fábrica de fundição é inevitável. Para melhorar a qualidade do produto e a produtividade da fábrica, é necessário estabilizar o processo de vazamento.

- São necessários trabalhadores qualificados,
- Consumir mais tempo,
- O metal fundido pode ser desperdiçado devido a um erro dos trabalhadores.
- Se o molde for grande, não é possível enchê-lo completamente com uma concha. Por isso, temos de efetuar este processo duas ou três vezes. Assim, pode haver o risco de defeitos e de uma fundição fraca.
- Por isso, vamos tornar este processo automático.

DETALHES DO SECTOR

Capítulo 2

TAPOVAN TECHNOCAST

Fabrico de: todos os tipos de fundição C.I.

Estrada de Gondal, aldeia de Vavdi.

Rajkot - 360004

Coordenador do sector: Kishorbhai Sachara (Gestor)

- A empresa está sediada em vavdi e é fabricada todo o tipo de fundição CI de acordo com a exigência dos clientes.
- Tapovan Technocast Pvt. Ltd. é capaz e está equipada com todo o tipo de instalações de fabrico para produzir produtos de alta qualidade sob o mesmo teto. A unidade de produção consiste num forno de fusão com ambiente controlado, convencional e não-convencional para garantir a boa qualidade dos produtos.
- A infraestrutura que possuímos para o fabrico de produtos de alta qualidade, bem como para a garantia de qualidade, abrange uma área de dois acres e uma configuração de fundição amiga do ambiente, juntamente com instalações de teste completas, como laboratório de instância, laboratório químico, sala padrão para inspeção.
- Fundem peças para automóveis, pinos, tampas, cilindros, peças de engrenagens, peças de máquinas e também fazem a fundição de alguns modelos difíceis.
- Dispõem de um forno de cúpula para fundir o metal. Têm também dois separadores e uma mistura para limpar a areia e misturá-la.
- A maior parte das vezes, utilizam moldes de alumínio para a fundição porque...

i. é mais barato, fácil de conceber e fácil de manter,

ii. menos peso e o seu coeficiente de atrito com a areia é comparativamente elevado.

DIAGRAMA ESQUEMÁTICO DO FORNO DE CÚPULA

CAPÍTULO-2.1

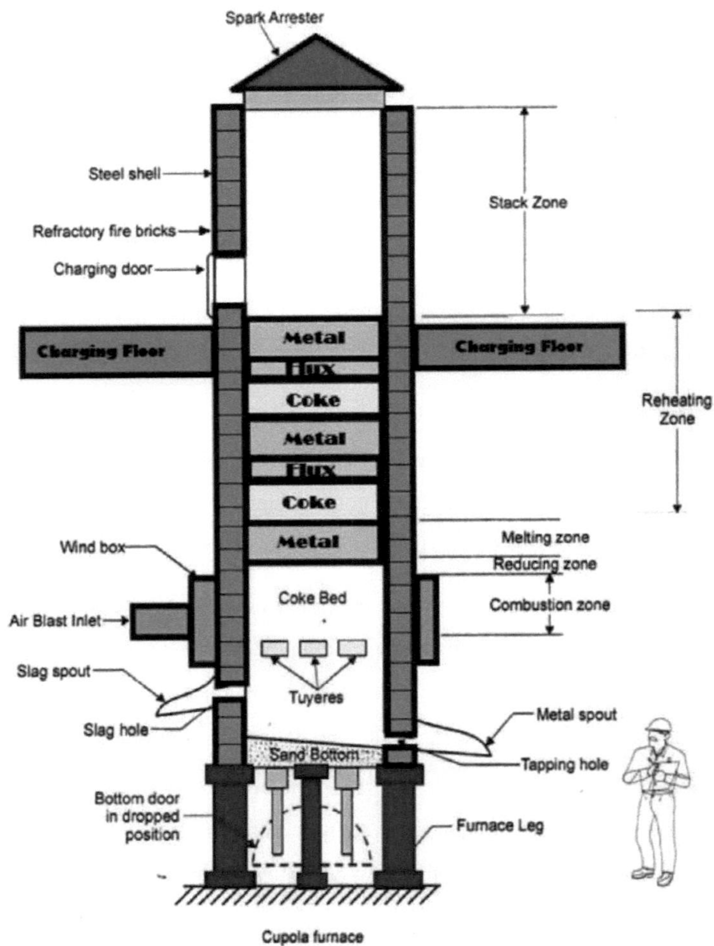

Fig 2.1(a): Forno de cúpula

DETALHE DO PRODUTO

Capítulo-2.2

A empresa produz produtos que variam de 1 a 200 kg e em vários tipos de peças fundidas de acordo com a exigência dos clientes.

Quadro 1: Produto da empresa

SR. NO.	PRODUCT	MATERIAL	APPLICATION
1	Valve Component	Super alloy and other alloy	Used in chemical plants and food industries
2	Flange	Super alloy & other alloy	Used in chemical industries
3	Coupling	Stainless steel & other alloy	
4	Brake Drum	High Carbon & WCB	Used in crane
5	Hub, Bearing house	Low carbon steel	Used in chemical vessel
6	Axel Box	WCB	Used in load transmission

ESPECIFICAÇÃO DO EQUIPAMENTO

Capítulo-2.3

Quadro 2: Especificação do equipamento

Sr. No	**Name of Machinery**	**Capacity/Range**	**Unit (No)**
1	Induction Furnace equipment	Crucible furnace with 75 KW	02
2	Air Compressor	7*5 Lub 150 CFM	01
3	Air Compressor	T 35 Model 48 CFM	01
4	Pneumatic Moulding M/C	APM-O	01
5	Pneumatic Moulding M/C	WHPL-1	
6	EOT Crane	2 Tone Capacity	01
7	Sand Blasting M/C	200 kg. Capacity	01
8	Welding transformer	DTO 300	01
9	Welding Rectifier	600 Amps.	
10	Sand Muller (Sand Mix.)	250 kg. Single Batch	02
11	Core Mixture	50 kg. Single Batch	01
12	Sand Pneumatic Rammers	RAM-100	05
13	Pneumatic Chipper	Chipper	04
14	Swing Grinder	400 Dia	03
15	Bench Grinder	300 Dia	02
16	Short Blasting	36" Swing Table Full Set with dust collector	01

DESCRIÇÃO PORMENORIZADA DO PROBLEMA

Capítulo 3

- Como já foi referido, o principal problema da empresa está relacionado com o processo de fundição manual.
- Estão a fundir o metal utilizando um forno de fusão a uma temperatura muito elevada.
- Utilizam o forno de cúpula em que o carvão e o metal que se pretende fundir são alimentados no forno a partir de um local e obtêm-se temperaturas elevadas.
- Este metal fundido é introduzido na panela, fechando e abrindo o orifício situado na parte inferior do forno.
- Em seguida, os operários levam o metal fundido para o molde através de uma concha de recolha.
- Em seguida, o metal é vertido no molde, o que requer trabalhadores altamente qualificados.
- Este processo demora muito tempo e requer um mínimo de 6 trabalhadores.
- Depois de a concha ficar vazia, vai para o forno para a encher de novo.
- Esta situação repete-se continuamente durante todo o dia.
- Por isso, aqui consome-se muito tempo e a empresa obtém resultados inferiores.
- Neste caso, se quiserem tornar o processo mais rápido, terão de aumentar a mão de obra, o que se tornará definitivamente não económico.
- Assim, o custo global aumenta. Como o processo é lento, o custo de funcionamento do forno também se torna mais caro, uma vez que temos de manter a sua temperatura.

- Assim, a empresa perde tempo e dinheiro e a produção diminui

O fluxo do processo é **apresentado abaixo...**

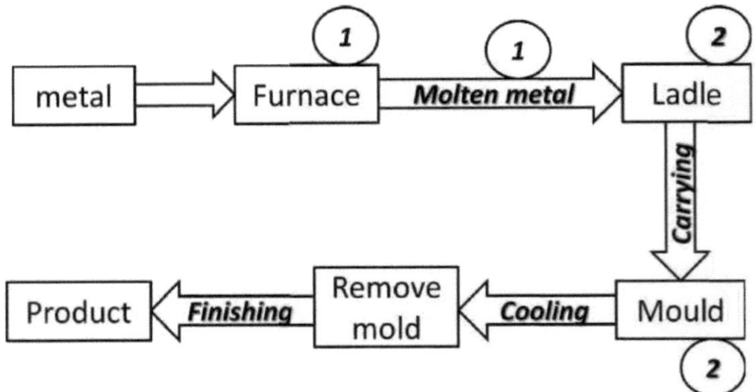

Fig 3(a): Diagrama de fluxo do processo

UTILIDADE DO NOSSO PROJECTO NA INDÚSTRIA

Capítulo 4

- A fundição manual consome muito tempo, pelo que, se a empresa utilizar um sistema de fundição automática, pode poupar tempo e dinheiro.
- Por isso, vamos tentar criar um sistema de fundição automático com a ajuda de um mecanismo adequado.
- O trabalhador começa por deitar o metal do forno para a concha e depois leva-o para o molde colocado num local adequado.
- Como já referimos anteriormente, é dispendioso para a empresa e também demorado.
- Por isso, temos de criar um mecanismo que exija menos tempo, menos mão de obra, um rendimento máximo e um custo de produção mais baixo.
- Para este efeito, queremos criar um sistema automático. Para isso, criamos um sistema de transporte para que o molde possa ser transportado nele.
- Assim, **o tempo para levar a concha ao molde é reduzido.**
- Este molde é diretamente vertido pelo pequeno tanque cheio com o metal fundido.
- Assim, não há necessidade de concha e de derramamento por concha. Assim, **o**

número de trabalhadores necessários é reduzido e o tempo necessário também é reduzido.

- Aqui, o sistema de transporte e o enchimento do metal fundido são controlados por um circuito elétrico e podemos dizer que são automáticos.
- Assim, com este sistema, podemos **poupar tempo, reduzir a mão de obra** necessária e obter uma **produção mais elevada.** Assim, **o custo global é mais baixo.**

BREVE HISTORIAL DO TRABALHO

Capítulo 5

SOBRE O PROCESSO DE FUNDIÇÃO

Capítulo-5.1

Introdução sobre a fundição:

- A fundição consiste basicamente em fundir um material sólido, aquecê-lo a uma temperatura especial e verter o material fundido numa cavidade ou molde com a forma adequada. A fundição é conhecida pelo ser humano desde o século IV a.C.
- Atualmente, é quase impossível conceber algo que não possa ser fundido através de um ou mais dos processos de fundição disponíveis. No entanto, tal como acontece com outros processos de fabrico, podem ser obtidos melhores resultados e economia se o projetista compreender os vários processos de fundição e adaptar os seus projectos de modo a utilizar o processo mais eficiente.

- **Definição:**
- A fundição envolve o derrame de um metal líquido num molde, que contém uma cavidade oca com a forma pretendida, e depois deixa-se solidificar. A parte solidificada é também conhecida como peça fundida, que é ejectada ou retirada do molde para completar o processo. A fundição é mais frequentemente utilizada para produzir formas complexas que seriam difíceis ou pouco económicas de produzir por outros métodos.
- **Tipo de fundição:**
  > Fundição em areia
  > Fundição injectada

- Fundição por cera perdida
- Fundição centrífuga
- Fundição em molde de gesso
- Fundição com molde permanente
- Fundição por compressão

- **Fundição em areia:**

A fundição em areia é um processo flexível e pouco dispendioso. A areia é utilizada como material de molde. Os grãos de areia, misturados com pequenas quantidades de outros materiais para melhorar a capacidade do molde e a força de coesão, são embalados em torno de um padrão que tem a forma da peça de fundição desejada.

- **Fundição injectada:**

As peças fundidas sob pressão estão entre os artigos de maior volume e produção em massa fabricados pela indústria metalúrgica. Podem ser encontradas em milhares de produtos de consumo, comerciais e industriais. As peças fundidas sob pressão são componentes importantes de produtos que vão desde os automóveis aos brinquedos. As peças podem ser tão simples como um cabo de espátula ou um complexo bloco de motor.

Um processo versátil para a produção de peças metálicas projectadas, a fundição injetada exige que o metal fundido seja forçado sob alta pressão em moldes de aço reutilizáveis. Estes moldes, designados por matrizes, podem ser concebidos para produzir formas complexas com um elevado grau de precisão e repetibilidade. As peças podem ser bem definidas, com superfícies lisas ou texturadas, e são adequadas para uma grande variedade de acabamentos atractivos e úteis.

- **Fundição por cera perdida:**

A fundição por cera perdida é um processo que tem sido praticado há milhares de anos, sendo o processo de cera perdida uma das mais antigas técnicas de conformação de metais conhecidas. Desde há 5000 anos, quando a cera de abelha formava o padrão, até às ceras de alta tecnologia actuais, materiais refractários e ligas especializadas, as peças fundidas garantem a produção de componentes de alta qualidade com as principais vantagens de precisão, repetibilidade, versatilidade e integridade.

A fundição por cera perdida deriva o seu nome do facto de o molde ser revestido, ou rodeado, por um material refratário. Os moldes de cera requerem um cuidado extremo, vez que não são suficientemente fortes para suportar as forças encontradas durante o fabrico do molde. Uma vantagem da fundição por cera perdida é o facto de a cera poder ser reutilizada.

- **Fundição centrífuga:**

A fundição centrífuga consiste em ter um molde de areia, metal ou cerâmica que é rodado a alta velocidade. Quando o metal fundido é vertido no molde, é projetado contra a parede do molde, onde permanece até arrefecer e solidificar. Este processo é cada vez mais utilizado em produtos como tubos de ferro fundido, camisas de cilindros, canos de armas, recipientes sob pressão, tambores de travões, engrenagens e volantes. Os metais utilizados incluem quase todas as ligas fundíveis.

Devido ao tempo de arrefecimento relativamente rápido, as peças fundidas por centrifugação têm uma granulometria fina. Existe uma tendência para que as inclusões não metálicas mais leves, as partículas de escória e a escória se segreguem em direção ao raio interior da peça fundida, onde podem ser facilmente removidas por maquinagem. Devido à elevada pureza do revestimento exterior, os tubos fundidos por centrifugação têm uma elevada resistência à corrosão atmosférica.

- **Fundição em moldes de gesso:**

A moldagem em gesso é um pouco semelhante à moldagem em areia, na medida em que só se faz uma moldagem e depois o molde é destruído. Neste caso, o molde é feito de um gesso especialmente formulado. 70 a 80% de gesso e 20 a 30% de reforços fibrosos. Adiciona-se água para obter uma pasta cremosa. Este processo é limitado aos metais não ferrosos, porque os metais ferrosos reagem com o enxofre do gesso. As caixas de núcleo são geralmente feitas de latão, plástico ou alumínio.

- **Fundição com molde permanente:**

O processo utiliza um molde de fundição de metal em conjunto com núcleos de metal ou de areia. O metal fundido é introduzido no topo do molde que tem duas ou mais partes, utilizando apenas a força da gravidade. Após a solidificação, o molde é aberto e a peça fundida é ejectada. O molde é montado de novo e o ciclo repete-se. Os moldes são metálicos ou de grafite e, consequentemente, a maioria das peças fundidas em molde permanente restringe-se a metais não ferrosos e ligas de baixo ponto de fusão.

- Apertar a fundição:

A fundição por compressão, também conhecida como forjamento de metal líquido, é um processo pelo qual o metal fundido solidifica sob pressão dentro de matrizes doseadas posicionadas entre os pratos de uma prensa hidráulica. A fundição por compressão consiste em dosear metal líquido numa matriz pré-aquecida e lubrificada e forjar o metal enquanto este solidifica. A carga é aplicada pouco depois de o metal começar a congelar e é mantida até que toda a peça fundida tenha solidificado. A ejeção e o manuseamento da peça fundida são feitos da mesma forma que no forjamento em matriz fechada.

A pressão aplicada e o contacto instantâneo do metal fundido com a superfície da matriz produzem uma condição de transferência rápida de calor que produz uma fundição de grão fino sem poros com propriedades mecânicas próximas das de um produto forjado.

O processo de fundição por compressão é facilmente automatizado para produzir componentes de alta qualidade de forma quase líquida a líquida.

- **Processo de fundição:**

- Na fundição, o primeiro material é convertido em forma líquida utilizando um forno.
- Em seguida, é vertida no molde. A maior parte das vezes é feita por trabalhadores que utilizam um equipamento chamado concha.
- Em seguida, o material vertido é solidificado, mantendo o molde na atmosfera ou arrefecendo-o com um sistema de arrefecimento.
- A peça solidificada é também conhecida como peça fundida, que é ejectada ou partida do molde para completar o processo.

- **Materiais de fundição**
- Os materiais de fundição são geralmente metais ou vários materiais *de endurecimento a frio* que curam após a mistura de dois ou mais componentes; exemplos são o epóxi, o betão e a argila.
- A fundição é mais frequentemente utilizada para produzir formas complexas que, de outro modo, seriam difíceis ou pouco económicas de produzir por outros métodos.

- Fundição em molde de areia verde:

- A fundição em areia é um processo flexível e pouco dispendioso. A areia é utilizada como o material do molde . Os grãos de areia, misturados com pequenas quantidades de outros materiais para melhorar a capacidade do molde e a sua força de coesão, são embalados em torno de um padrão que tem a forma da peça de fundição desejada. Podem ser fabricados por este método produtos que abrangem uma vasta gama de tamanhos e pormenores. Deve ser feito um novo molde para cada fundição, e a gravidade é normalmente empregue para fazer com que o metal flua para dentro do molde. Como se mostra na figura abaixo, as etapas da fundição em areia.

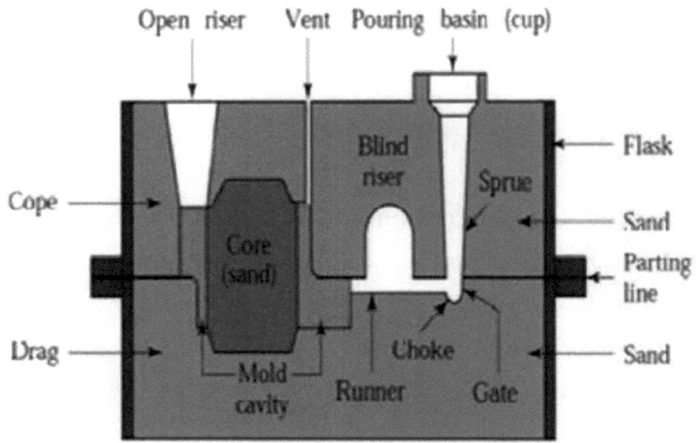

Fig 5.1(a): Fundição em areia

- O processo de fundição em areia é muito antigo, remontando à Idade do Bronze; a técnica mudou muito pouco desde então. Consiste em fazer um vazio adequado na areia compactada, que é depois preenchido com metal fundido. Este processo é mais adequado para grandes peças fundidas em que o acabamento da superfície não é importante ou que serão posteriormente maquinadas. As secções finas não são realmente adequadas, uma vez que o material fundido começa a arrefecer antes de o molde estar completamente preenchido, formando "fechos frios".
- A primeira fase da fundição em areia consiste em fazer um modelo em madeira ou metal da forma a fundir. Este molde é feito ligeiramente maior para permitir

a contração do metal quente à medida que arrefece após a fundição. Qualquer peça que necessite de ser maquinada após a fundição deve ter uma margem de maquinagem incorporada no modelo. O modelista é um artesão muito qualificado porque, para além de fazer o modelo, tem de ter um conhecimento completo do processo de fundição. Ao fazer o molde, decide a forma como o objeto será fundido. Consoante a forma do artigo, o modelo pode ser feito numa ou em várias peças. Se o modelo for dividido, as partes separadas são colocadas juntas com pinos ou cavilhas de metal. Ao decidir sobre a forma de fundir um determinado artigo, o modelista tem em conta vários factores, tais como a forma de o fundir para cima. O metal fundido é muito pesado e a maior parte das impurezas do metal flutua. Quando o metal é fundido, as impurezas são transportadas pelo molde com o metal e, como têm tendência para flutuar, é provável que se depositem num único local, quer fiquem presas por um estreitamento da forma, quer flutuem para o topo da peça fundida.

- **Terminologia de fundição:**

Frasco - A "caixa" que contém a areia que compõe o molde.

Cope - A metade superior do frasco; o cope contém a parte superior do molde e o sistema de canais de jito.

Arrasto - A metade inferior do frasco; o arrasto contém a parte inferior do molde.

Sprue - O orifício no molde no qual o alumínio derretido será vertido

Escória - A escória que se forma na superfície do metal fundido como resultado da oxidação.

TIPOS DE DEFEITOS NA FUNDIÇÃO EM AREIA VERDE

Capítulo-5.2

Existem muitos tipos de defeitos que surgem durante o processo de fundição em molde de areia verde. Estes são descritos de seguida,

- Buracos de sopro
- Penetração de metal
- Rabo de rato/Fivelas
- Inclusão
- Deslocação
- Esgotamento
- Corrida errada

- Furos de sopro e furos de pinos:

- Existem cavidades esféricas, achatadas ou alongadas presentes no interior da peça fundida ou na superfície. Quando presentes no interior da peça fundida, são denominadas cavidades de sopro, ao passo que são denominadas cavidades abertas se aparecerem na superfície da peça fundida.

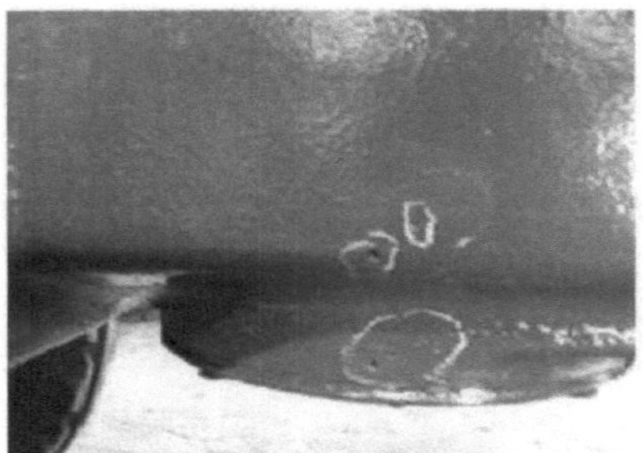

Fig 5.2(a): Buracos de sopro

- Os furos de sopro e os furos de pinos na fundição são normalmente causados por gases aprisionados. O gás pode ser monóxido de carbono, hidrogénio, nitrogénio ou vapor. Os pequenos furos de gás são normalmente conhecidos como furos de pinos.
- Nas peças fundidas ferrosas, o aprisionamento do monóxido de carbono formado devido à reação entre o oxigénio dissolvido e o carbono no metal em solidificação é a causa mais comum da presença de bolhas. Qualquer monóxido

de carbono formado numa fase posterior da solidificação pode não ser capaz de escapar porque já se formou uma camada sólida na peça fundida. O gás fica assim preso na peça fundida, levando à formação de bolhas.

- **Causas:**

1. Excesso de humidade no molde.
2. Ferrugem e humidade nos Chills.
3. Núcleos não suficientemente cozidos.
4. Utilização excessiva de aglutinantes orgânicos.
5. Os moldes não são adequadamente ventilados.
6. Os moldes são muito duros.

- **Penetração de metais :**

Quando a fluidez do metal líquido é elevada, este pode penetrar no molde de areia. Após a congelação, a superfície da peça fundida é constituída por uma mistura de grãos de areia e metal, o que se designa por penetração do metal.

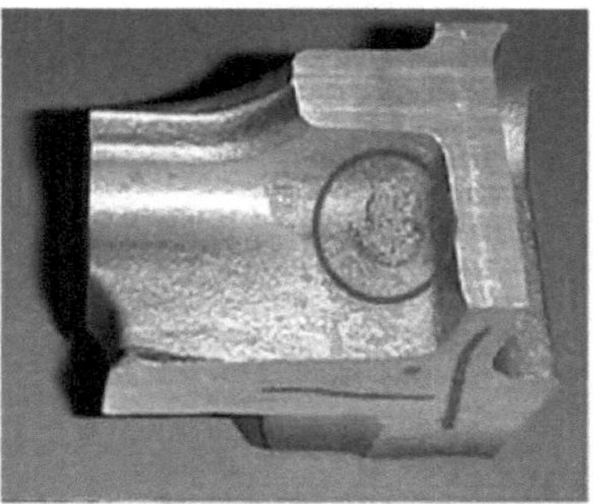

Fig 5.2(b): Penetração de metal

- **Causas:**

1. Grande granulometria.
2. Abanação suave do molde.
3. A areia de moldagem ou o núcleo têm baixa resistência.
4. A areia de moldagem ou núcleo tem uma elevada permeabilidade.

5. Temperatura de vazamento do metal demasiado elevada.

- **Rabo de rato/fivelas:**

À medida que o metal fundido corre sobre a superfície do molde de areia verde, a humidade na areia é convertida em vapor que penetra entre os grãos de areia. Assim, cria-se uma linha na superfície da peça fundida chamada cauda de rato.

Os rabos de rato são defeitos de expansão do molde. A cauda de rato é uma forma mais ligeira de falha de expansão da superfície do molde durante o aquecimento rápido. Uma areia com valores de expansão e contração elevados tem uma maior tendência para se fragmentar do que uma areia com valores permitidos. Durante o vazamento de um molde de areia verde, a humidade migra da camada superficial de areia aquecida e condensa-se para formar uma camada húmida por baixo da face do molde. Nesta condição, a camada superficial sofre uma flacidez pronunciada como resultado do choque térmico. O eventual cisalhamento ocorre na camada húmida devido à sua baixa resistência.

- **Causas:**
  - Grandes superfícies planas contínuas de fundição.
  - Dureza excessiva do molde.
  - Ausência de aditivos combustíveis na areia.

- **Inclusão:**

- Durante o processo de fusão, são adicionados fundentes para remover os óxidos e as impurezas indesejáveis presentes no metal. No momento do vazamento, a escória deve ser corretamente removida da panela, antes de o metal ser vertido no molde. Caso contrário, qualquer escória que entre na cavidade do molde enfraquecerá a peça fundida e também estragará a superfície da peça fundida.

- Causas:

1. Falha na ativação.
2. Defeito de vazamento.
3. Moldagem inferior ou areia de núcleo.
4. Abanação suave do molde.
5. Manuseamento brusco do molde e do núcleo.

- Deslocação do molde:

Isto deve-se a um erro do operador: não alinhar corretamente o molde. A maioria dos frascos tem pinos de alinhamento para evitar isto, mas nunca os instalei no meu conjunto 6x6, pelo que tenho de adivinhar.

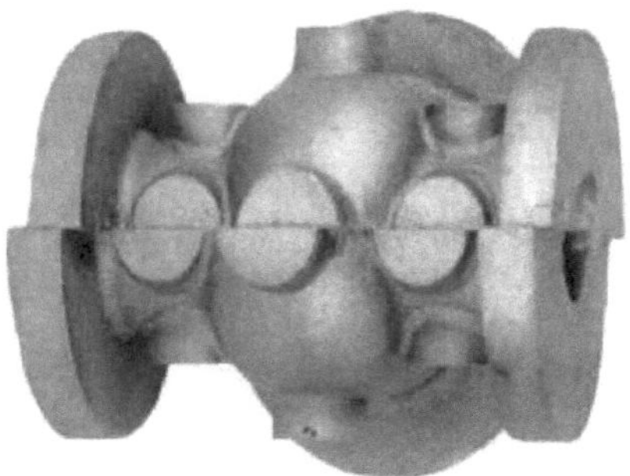

Fig 5.2(c): Deslocação do molde

- Causas:

- Pinos de fixação desgastados ou dobrados.
- Desalinhamento de duas metades do padrão.
- Suporte incorreto do núcleo.
- Localização incorrecta do núcleo.
- Caixas de núcleo defeituosas. e núcleo.

- Resistência insuficiente da areia de moldagem e do núcleo.
- **Corrida de saída:**

Fundição com enchimento incompleto resultante do facto de o metal fundido sair do molde durante ou após o enchimento.

- Causas:

- Moldagem defeituosa.
- Caixas de moldagem defeituosas.

- **Desvio:**

Muitas vezes, o metal líquido pode, devido a um sobreaquecimento insuficiente, começar a congelar antes de atingir o ponto mais distante da cavidade do molde. Este defeito é designado por Mis-run.

Fig. 5.2(d): Fuga incorrecta

Causas:

- Falta de fluidez no metal fundido.
- Conceção defeituosa.
- Falha na ativação.

PESQUISA BIBLIOGRÁFICA

Capítulo 6

- **Máquina de fundição automática:** 3 de maio de 1932 Albert wood Morris, de Drexel hill, e Samuel price Wetherill, jr de Haverford, Pennsylvania, Assignors to wetherill-morris engineering company of Philadelphia, Pennsylvania, Uma corporação de Delaware fez uma máquina de fundição automática para fins especiais para fazer fundição com núcleo sem o uso de núcleo. A sua nova operação consiste em fechar o molde, encher o molde através da sua abertura inferior, manter o molde fechado até que um invólucro de fundição oco tenha assentado, mantendo a coluna de alimentação de metal fundido sob pressão contra o metal fundido no molde.

- **Máquina de fundição automática:** Em 29 de outubro de 1952, Arms Jhon Suklva, Montreal, Quebec, Canadá, fabricou uma máquina de fundição automática para despejar o metal fundido em moldes sem parar os moldes ou mover o equipamento de despejo. Esta máquina foi especialmente concebida para a produção de lingotes metálicos de peso uniforme.

- **Máquina de fundição automática:** 22 de dezembro de 1970 Robert W. Meyer, South Elgin; Robert G. Swanson, Dundee fabricaram uma máquina de fundição automática com meios para introduzir automática e simultaneamente um material de fundição numa pluralidade de moldes até um nível pré-determinado. Esta máquina só funciona com moldes de dimensões pré-definidas.
- **Máquina de fundição automática:** Em 18 de abril de 1973, Victor O. Anderson fabricou uma máquina automática de fundição sob pressão e de corte para moldagem por injeção de peças e entrega das peças acabadas

cortadas sem rebarbas. Isto foi conseguido através da modificação de uma máquina de fundição injetada convencional, principalmente através da adição de um dedo de indexação localizado centralmente, que fica preso ao parafuso ou batoque.

- **Máquina de fundição automática:** Feb 27, 1991 Armin Kursfeld, Stopnic Aktiengesellsschaft fez um processo de fundição automática de uma máquina de fundição contínua

CONCEPÇÃO DO PROJECTO

Capítulo 7

- Uma forma de atingir o nosso objetivo é utilizar o mecanismo adequado com um sistema de transporte, sensores, motores, etc.
- O diagrama simplificado do mecanismo é apresentado a seguir:

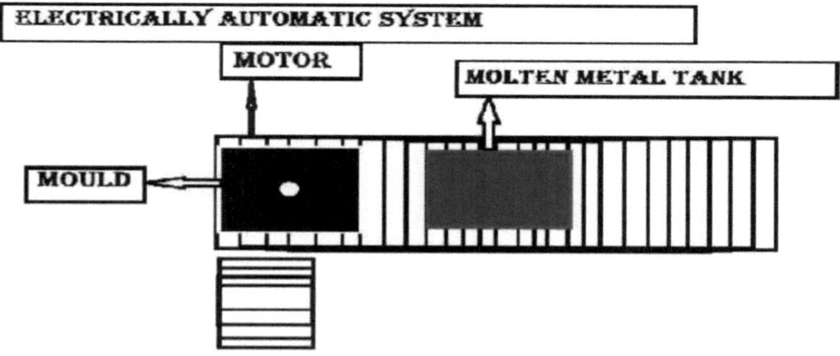

Fig 7(a): Conceção do projeto

DESCRIÇÃO PORMENORIZADA DA CONCEPÇÃO:

SISTEMA DE TRANSPORTE

Capítulo-7.1

- Um sistema de transporte é uma peça comum de equipamento de manuseamento mecânico que movimenta materiais de um local para outro.
- Os transportadores são especialmente úteis em aplicações que envolvem o transporte de materiais pesados ou volumosos. Os sistemas de transportadores permitem o transporte rápido e eficiente de uma grande variedade de materiais,

o que os torna muito populares nas indústrias de manuseamento de materiais e de embalagens.

- **Tipos de sistemas de transporte**

i. Transportador de rolos acionado por correia para caixas de cartão e de cartão.

ii. Transportador flexível

iii. Transportador de rolos por gravidade

iv. Transportador de roda de skate por gravidade

v. Transportador de correia

vi. Transportadores de malha metálica

vii. Transportadores de correia de plástico

viii. Transportadores de balde

ix. Transportadores flexíveis

x. Transportadores verticais

xi. Transportadores em espiral

xii. Transportadores vibratórios

xiii. Transportadores pneumáticos

xiv. Transportadores de rolos vivos acionados por correia

xv. Transportador de rolos de eixo de linha

xvi. Transportador de corrente

xvii. Transportador de parafuso

x viii. Transportador de rolos vivos acionado por corrente

xix. Transportadores aéreos

xx. Transportadores à prova de pó

xxi. Transportadores farmacêuticos

xxii. Transportadores para automóveis

Fig 7.1(a): Sistema de transporte cilíndrico

- Neste caso, o sistema de transporte é utilizado para transportar o molde de um local para outro.
- O sistema de transporte está ligado a um motor para controlar o seu funcionamento.
- Leva o molde para o tanque de vazamento sob a cuba para despejar o material. Por isso, o tempo de ativação e desativação do sistema de transporte é importante para o vazamento correto.
- Estudámos muitos sistemas de transporte, como o sistema de transporte de correia, o sistema de transporte cilíndrico

Sistema transportador, Sistema transportador de corrente.

- Em seguida, seleccionamos dois sistemas:

1. Sistema de transporte cilíndrico,
2. Sistema de transporte de correia.

- Entre estes dois, escolhemos o sistema de correia transportadora porque,

> É mais económico do que o sistema de transporte cilíndrico.

> Menos manutenção necessária.

> Fácil de conceber.

> Fácil de instalar.

> A nossa empresa tem de moldar max. 15 kg de molde, que pode ser facilmente transmitido pelo sistema de correia transportadora.

> Menos dispendioso.

SISTEMA DE CORREIA TRANSPORTADORA

Capítulo-7.2

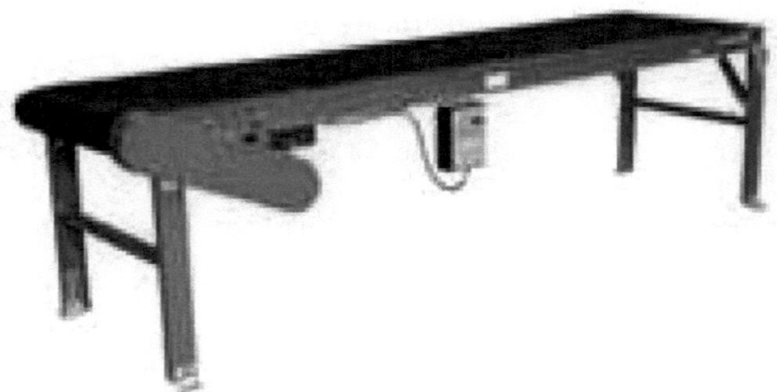

Fig 7.2(a): Sistema de transporte por correia

- Uma correia transportadora (ou transportador de correia) é constituída por duas ou mais polias, com um laço contínuo de material - a correia transportadora - que gira em torno delas. Uma ou ambas as roldanas são acionadas, movendo a correia e o material nela contido para a frente. A polia acionada é designada por polia motriz, enquanto a polia não acionada é designada por polia de desvio.

- A correia é constituída por uma ou mais camadas de material. Podem ser feitas de borracha. Muitas correias no manuseamento geral de materiais têm duas camadas.

- Uma camada inferior de material para proporcionar resistência e forma lineares, designada por carcaça, e uma camada superior, designada por cobertura. A carcaça é frequentemente uma rede ou malha de algodão ou de plástico.

- A cobertura é frequentemente constituída por vários compostos de borracha ou plástico especificados pela utilização da correia. As coberturas podem ser feitas de materiais mais exóticos para aplicações invulgares, como o silicone para o calor ou a borracha de goma quando a tração é essencial.

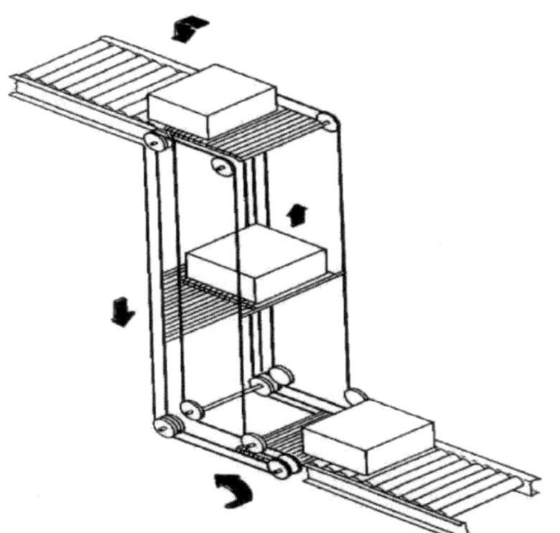

Fig 7.2(b): Sistema de transporte por elevação vertical

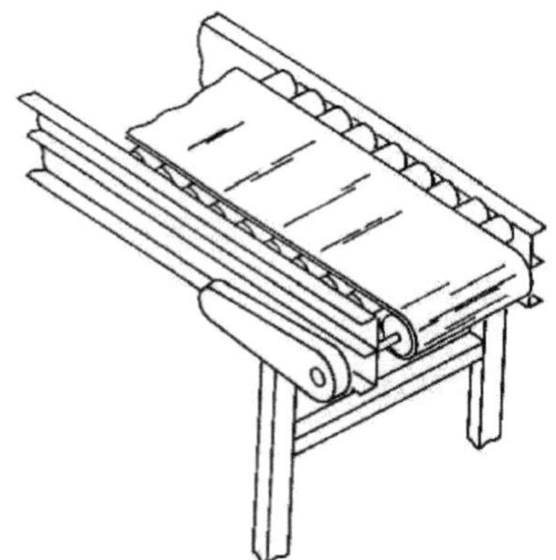

Fig 7.2(c): Sistema de transporte de correia plana

- No sistema transportador de elevação vertical, o molde é transmitido verticalmente e, em seguida, desloca-se para a frente no sistema transportador de correia plana.

SISTEMA ELECTRICAMENTE AUTOMÁTICO

Capítulo-7.3

- Este sistema é o coração do nosso projeto. É utilizado para controlar a temporização do sistema de transporte, dos motores e do mecanismo de vazamento de material.
- Aqui utilizamos o indicador que é acionado pelo motor e definimos uma rotação do indicador de acordo com a necessidade, supondo 12min.
- Agora, se precisarmos de fazer funcionar um motor durante 4 minutos, colocamos o isolamento a 4*360/12=120 graus, como se mostra abaixo.

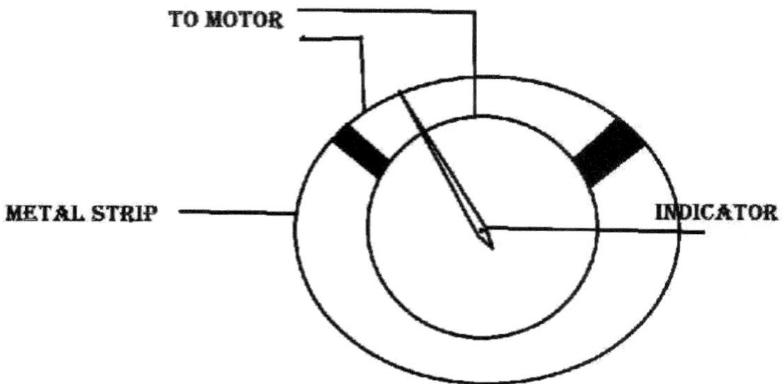

Fig 7.3(a): Princípio do circuito automático

- Aqui utilizámos um motor de corrente contínua de 200 rpm que pode ser operado por uma bateria de 12W.
- Utilizando uma engrenagem quente, reduzimos a sua velocidade para 60 rpm.
- Agora, utilizando o mecanismo de polia, reduzimos a sua velocidade de acordo com as nossas necessidades.
- Neste caso, utilizámos o mecanismo de polia porque, se necessitarmos de uma maior alteração da velocidade, é fácil mudar a polia em comparação com a engrenagem.

- Componentes utilizados:

- Fita metálica
- Indicador
- Isolamento (parte sombreada da figura)

- Trabalhar:

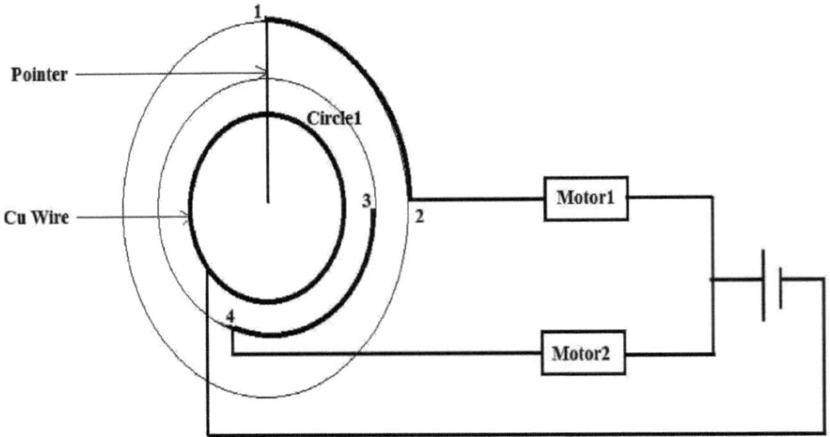

Fig. 7.3(b): Diagrama do circuito

- Neste caso, o indicador está ligado ao motor de rpm controlada. Aqui, as rotações do motor são controladas por um sistema de engrenagens ou polias.
- Agora, quando damos alimentação ao motor ligado ao ponteiro, o ponteiro roda.
- Como se mostra na figura, o motor 1 e o motor 2 são motores alvo. Vamos controlar o funcionamento on/off destes motores.
- Aqui, quando o ponteiro se move do ponto 1 para o ponto 2, o circuito é completado e a corrente flui da bateria-motor 1-ponto 2-ponteiro-círculo1-bateria. Assim, o motor 1 está a funcionar até que o ponteiro se mova entre o ponto 1 e 2.
- Agora, quando o ponteiro se move para a frente a partir do ponto 2, o circuito é interrompido. Assim, não passa corrente do motor1.
- Da mesma forma, quando o ponteiro se move do ponto 3 para o 4, o circuito é completado e a corrente flui da bateria-motor 2 - ponto 4 - ponteiro-círculo 1 - bateria. Assim, o motor 2 está a funcionar até que o ponteiro se mova entre os pontos

3 e 4.

- Agora, quando o ponteiro avança do ponto 3 para o 4, o circuito é interrompido. Assim, não passa corrente do motor2.
- Assim, podemos controlar o funcionamento dos motores 1 e 2.
- Aqui, ao controlar a velocidade do motor, podemos controlar as rpm do ponteiro. Desta forma, também podemos controlar o tempo do motor 1 e do motor 2, alterando as rpm do ponteiro e o comprimento do arco 1-2 e o comprimento do arco 3-4. Assim, a operação indireta realizada pelo motor 1 e pelo motor 2 é controlada automaticamente.
- No nosso projeto, o motor 1 é utilizado para o sistema de transporte e o motor 2 é utilizado para o sistema de vazamento. Assim, podemos dizer que, com este circuito, podemos acionar automaticamente o mecanismo de vazamento e o sistema de transporte.
- Este circuito também pode ser utilizado para várias operações. Temos de incluir apenas 1 círculo.
- A partir daí, passa para a tira metálica e desta para o motor.
- Neste caso, o isolamento é efectuado numa tira metálica que é mostrada por uma sombra na figura acima . Como sabemos, devido aos travões do circuito do isolador, não é fornecida energia ao motor e este pára.
- Aqui utilizamos o indicador que é acionado pelo motor e definimos uma rotação do indicador de acordo com a necessidade, supondo 12min.
- Agora, se precisarmos de fazer funcionar um motor durante 4 minutos, colocamos o isolamento a 4*360/12=120 graus da tira metálica.
- Depois, ligando a outra parte a outro motor e isolando-a, podemos controlar também outro motor.

▪ Assim, podemos utilizar vários motores e controlar vários sistemas.

- VANTAGENS:

> É mais barato do que qualquer outro sistema.

> Fácil de utilizar. Não são necessários trabalhadores especializados para o operar.

> Fácil de manter.

> Fácil de conceber.

> É versátil e fiável.

TANQUE DE DERRAMAMENTO

Capítulo-7.4

- Vamos utilizar um tanque de vazamento para despejar automaticamente o material de muda no molde no momento necessário.
- O diagrama simples de um reservatório de água é apresentado a seguir.

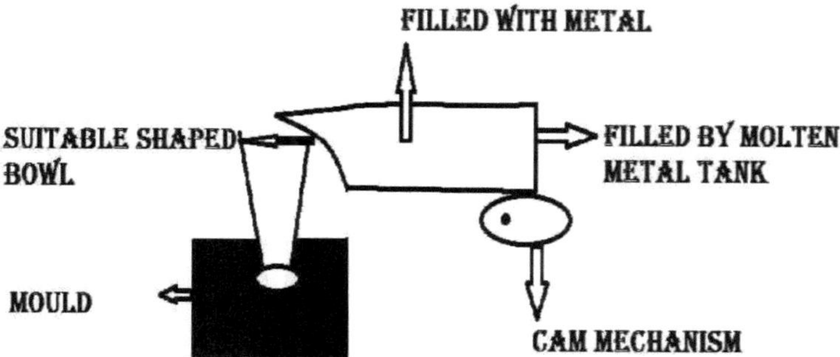

Fig 7.4(a): Mecanismo de vazamento

- **Componentes utilizados:**
    - Taça
    - Mecanismo de came
    - Tanque

Taça:

- A taça é utilizada para verter o material do tanque para o molde. Aqui, o derramamento do material deve ser feito no local correto, para que a tigela tenha a forma adequada, como se mostra.
- Neste caso, a conceção da cuba é muito importante, uma vez que tem de controlar o fluxo de metal fundido e tem de dirigir o fluxo contínuo de metal fundido.
- Se houver alguma falha na sua conceção, não podemos verter o metal corretamente e, por isso, ocorre uma fundição defeituosa.

Cam:

- Uma came é uma peça rotativa ou deslizante numa ligação mecânica utilizada especialmente na transformação do movimento rotativo em movimento linear ou vice-versa.

- É muitas vezes uma parte de uma roda rotativa (por exemplo, uma roda excêntrica) ou de um veio (por exemplo, um cilindro com uma forma irregular) que atinge uma alavanca num ou mais pontos da sua trajetória circular. A came pode ser um simples dente, como o utilizado para fornecer impulsos de potência a um martelo a vapor, por exemplo, ou um disco excêntrico ou outra forma que produza um movimento alternativo suave (para a frente e para trás) no seguidor, que é uma alavanca em contacto com a came.
- Concebemos o campo da nossa necessidade utilizando os diagramas seguintes:

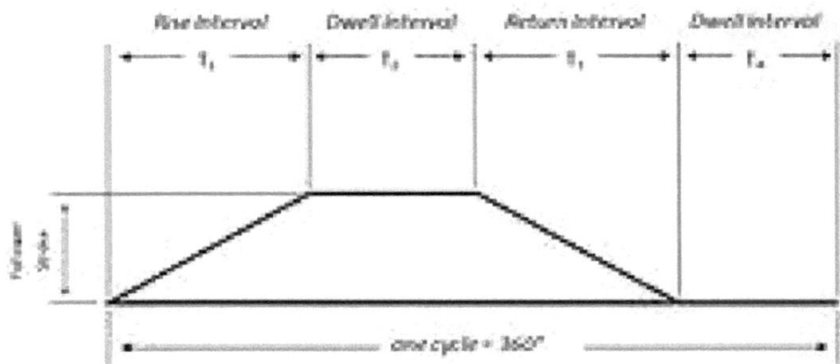

<u>Fig 7.4(b): Diagrama de deslocamento do excêntrico:</u>

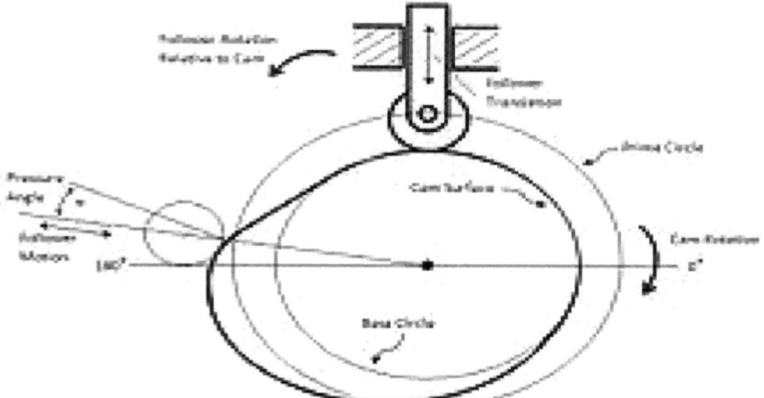

Fig 7.4(c): Perfil CAM:

- O mecanismo de came é utilizado para colocar o depósito na posição de vazamento e enchimento no momento certo.
- O tanque é enchido com material de muda, a partir do qual a taça é enchida.
- Aqui, a came está ligada a uma fonte de alimentação que é controlada por um circuito elétrico.

EQUIPAMENTO UTILIZADO NO NOSSO MODELO

Capítulo 8

Quadro 3: Equipamento utilizado no nosso modelo

No.	Equipment	Material	No. of Equipment
1	12V DC Motor		1
2	Warm Gear	C.I.	1
3	Pulleys	Wood & Plastic	2
4	Belt	Lather	1
5	Bearing	C.I.	2
6	Shaft	C.I.	1
7	Bolts	C.I.	6
8	Nuts	C.I.	18
9	Pointer	Copper	1
10	Wire	Copper	1
11	Battery		1
12	Lamp		3

RESULTADOS

Capítulo-9

- Pretendemos poupar o tempo de todo o processo de fundição.
- No processo manual, são necessários 5-6 minutos para um molde. Queremos reduzi-lo e demoramos cerca de 2 minutos para o mesmo molde.
- No processo manual, tal como referimos acima, são necessários, no mínimo, 6 trabalhadores, o que é apresentado no gráfico do processo anteriormente.
- Queremos reduzi-lo em 3 trabalhadores, uma vez que não é necessário encher a concha e levá-la para o molde.
- Este processo é mais rápido, pelo que o número de peças a fundir é maior. Assim, o custo global torna-se mais baixo do que o primeiro.
- No caso da produção em massa, uma vez definidos os sensores, a produção é automática e muito mais rápida. Não há perda de tempo e, por isso, há muito mais vantagens.
- Queremos criar um sistema que seja fiável e económico para que as pequenas empresas também o possam utilizar.

REFERÊNCIA

- http://en.wikipedia.org/wiki/Casting _%28performing _arts%29
- http://www.themetalcasting.com/casting-applications.html
- http://en.wikipedia.org/wiki/Lost-wax _casting
- http://www.youtube.com/watch?v=PDgoZEBJ7Nc
- http://www.e-booksdirectory.com/details.php?ebook=1113

Livros de referência:

- Teoria das máquinas por R. S. Khurmi por S Chand publication
- Workshop de Tecnologia por S. K. Hajara Choudhury e A. K. . Hajara Choudhury por Media Promotors ltd.
- Tecnologia de oficina por O. P. Khanna por Publicações Dhanpat Rai

Printed by Books on Demand GmbH, Norderstedt / Germany